探秘宇宙
神奇的黑洞

卞毓麟 著

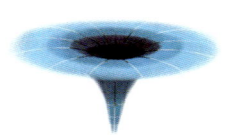

中国少年儿童新闻出版总社
中国少年儿童出版社
北京

图书在版编目（CIP）数据

神奇的黑洞 / 卞毓麟著. -- 北京：中国少年儿童出版社, 2024.1（2024.7重印）

（百角文库. 探秘宇宙）

ISBN 978-7-5148-8414-2

Ⅰ. ①神… Ⅱ. ①卞… Ⅲ. ①黑洞 - 青少年读物 Ⅳ. ① P145.8-49

中国国家版本馆 CIP 数据核字 (2023) 第 254458 号

SHENQI DE HEIDONG
（百角文库）

出版发行：中国少年儿童新闻出版总社 中国少年儿童出版社

执行出版人：马兴民

丛书策划：	马兴民 缪 惟	美术编辑：	徐经纬
丛书统筹：	何强伟 李 橦	装帧设计：	徐经纬
责任编辑：	张云兵 王智慧	标识设计：	曹 凝
责任校对：	田荷彩	封 面 图：	杰米乔
插　　图：	晓西插画工作室	责任印务：	厉 静

社　　址：北京市朝阳区建国门外大街丙 12 号		邮政编码：100022
编 辑 部：010-57526268		总 编 室：010-57526070
发 行 部：010-57526568		官方网址：www.ccppg.cn

印刷：河北宝昌佳彩印刷有限公司

开本：787mm × 1130mm　1/32	印张：3
版次：2024 年 1 月第 1 版	印次：2024 年 7 月第 2 次印刷
字数：35 千字	印数：5001-11000 册
ISBN 978-7-5148-8414-2	定价：12.00 元

图书出版质量投诉电话：010-57526069　　电子邮箱：cbzlts@ccppg.com.cn

序

提供高品质的读物，服务中国少年儿童健康成长，始终是中国少年儿童出版社牢牢坚守的初心使命。当前，少年儿童的阅读环境和条件发生了重大变化。新中国成立以来，很长一个时期所存在的少年儿童"没书看""有钱买不到书"的矛盾已经彻底解决，作为出版的重要细分领域，少儿出版的种类、数量、质量得到了极大提升，每年以万计数的出版物令人目不暇接。中少人一直在思考，如何帮助少年儿童解决有限课外阅读时间里的选择烦恼？能否打造出一套对少年儿童健康成长具有基础性价值的书系？基于此，"百角文库"应运而生。

多角度，是"百角文库"的基本定位。习近平总书记在北京育英学校考察时指出，教育的根本任务是立德树人，培养德智体美劳全面发展的社会主义建设者和接班人，并强调，学生的理想信念、道德品质、知识智力、身体和心理素质等各方面的培养缺一不可。这套丛书从100种起步，涵盖文学、科普、历史、人文等内容，涉及少年儿童健康成长的全部关键领域。面向未来，这个书系还是开放的，将根据读者需求不断丰富完善内容结构。在文本的选择上，我们充分挖掘社内"沉睡的""高品质的""经过读者检验的"出版资源,保证权威性、准确性,力争高水平的出版呈现。

通识读本,是"百角文库"的主打方向。相对前沿领域,一些应知应会知识,以及建立在这个基础上的基本素养,在少年儿童成长的过程中仍然具有不可或缺的价值。这套丛书根据少年儿童的阅读习惯、认知特点、接受方式等,通俗化地讲述相关知识,不以培养"小专家""小行家"为出版追求,而是把激发少年儿童的兴趣、养成正确的思考方法作为重要目标。《畅游数学花园》《有趣的动物语言》《好大的地球》《看得懂的宇宙》……从这些图书的名字中,我们可以直接感受到这套丛书的表达主旨。我想,无论是做人、做事、做学问,这套书都会为少年儿童的成长打下坚实的底色。

中少人还有一个梦——让中国大地上每个少年儿童都能读得上、读得起优质的图书。所以,在当前激烈的市场环境下,我们依然坚持低价位。

衷心祝愿"百角文库"得到少年儿童的喜爱,成为案头必备书,也热切期盼将来会有越来越多的人说"我是读着'百角文库'长大的"。

是为序。

马兴民
2023 年 12 月

目 录

1 真有"复仇女神"星吗

8 振荡不停的太阳

15 "另一个地球"在哪里

23 给银河系画像真不易

36 星系是怎样演化的

44 神奇的黑洞现原形

52 宇宙的年龄有多大

60 宇宙中的海市蜃楼

68 宇宙的未来会怎样

76 UFO 究竟是什么

84 您好,"外星人"朋友

真有"复仇女神"星吗

亲爱的朋友,你一定很熟悉北斗七星吧。它们在天空中排列的样子,很像一只大勺子。这只勺子的柄由三颗星组成,中间那一颗名叫"开阳"。在开阳近旁还有一颗很暗的星,就像骑在它上面似的。所以欧洲人把这两颗星叫作"马和骑手"。这位"骑手"的中国名字叫"辅",人们常用它来考验视力:如果你能在无月的晴夜用肉眼看见它,视力就相当不错!

像开阳和辅那样紧靠在一起的两颗恒星叫

作"双星"。也就是说,它们是成双成对的。当然,看上去挨在一起的两颗星,实际上倒也不一定真的靠得很近:很可能其中的一颗星离我们相当近,另一颗却非常遥远,它们只是凑巧位于相同的视线方向上。不过,开阳和辅却真是成双的:它们彼此靠得很近,在万有引力作用下,互相绕着转动,好像一对舞伴在跳着双人舞。天空中除双星外,还有不少由三四颗或五六颗星聚集在一起组成的恒星集团,它们叫作"聚星"。

双星和聚星在天空中是相当普遍的,它们的数量占全部恒星的一半左右。一个双星系统中的每一颗成员星,都称为这个双星系统的一颗"子星"。同时,天文学家还把双星系统中较大的那颗子星称为"主星",较小的那颗则称为它的"伴星"。那么,离我们地球最

近的恒星——太阳,究竟是一颗单星,还是双星的一颗子星呢?如果太阳是某个双星系统的成员,那么它的"舞伴"——它的伴星又在哪儿呢?

多少年来,人们一直认为太阳是单星,也始终没有发现它是双星成员的任何迹象。但是,20世纪80年代,情况发生了变化。事情的起因,还得从地球上周期性的生物绝灭事件说起。

1983年,美国芝加哥大学的古生物学家劳普和西普考斯基对2.5亿年以来地球上的生物资料进行了分析,发现在此期间至少发生过7次大规模的生物绝灭事件,最著名的一次就是6500万年前的恐龙绝灭。一次绝灭事件与下一次绝灭事件的时间间隔平均约为2600万年。为了解释这一现象和另一些天文观测事实的起因,科学家们提出了各种不同的设想,其中之一就关系到太阳有没有伴星。

1984年,美国加利福尼亚大学伯克利分校物理系的马勒教授和他的合作者提出了太阳有一颗伴星的假设。与此同时,还有另外两名美国科学家也提出了几乎相同的看法。他们都认为,太阳不是一颗单星,而是与另一颗至今尚未发现的恒星一起,组成了一个双星系统。太阳的这颗伴星相当小,也相当暗弱。它的质量仅为太阳的1/10左右。它绕太阳转动的轨道，是一个非常扁长的椭圆。这颗伴星最接近太阳时，它们两者之间的距离约为3万天文单位，即约4.5万亿千米；而当它离太阳最远时，它们之间的距离可超过15万天文单位，即远达20万亿千米以上。它们互相绕转一周需要2600万年，正好等于地球上生物绝灭的周期。

太阳有一颗伴星这件事，本身并不会直接使地球上的生物绝灭。但是，太阳的伴星竟会送来大批的彗星充当"杀手"。这又是怎么一回事呢？原来，在太阳系外围，距离太阳大约10万天文单位的地方，有一个储存彗星的大"仓库"——奥尔特云。它是一个大致均匀的球层，球心就在太阳处。奥尔特云中分布着几千亿颗彗星。不过，这些彗星的总质量还不及地球的质量。从奥尔特云附近经过的恒星，通过万有引力的影响，使一部分彗星因轨道发生变化而窜入太阳系的内层,从而被我们看见。这种理论是荷兰著名天文学家奥尔特首先于1950年提出的,"奥尔特云"也由此而得名。

如果太阳的这颗伴星每2600万年接近太阳一次,那么在它离太阳最近的那100万年中,每年就会有成千上万颗彗星接连不断地袭击太阳系的内层,有许多彗星必然会急速地撞向地球。天文学家们估计:一个直径约10千米的彗核如果迎头撞上地球,其破坏力将超过1亿颗百万吨级的原子弹;这将使地面上扬起巨量的尘埃,久久地挡住阳光,使植物无法进行光合作用;大批以植物为食的动物没有植物可吃,就会悲惨地死去;接着,食肉动物又因为断绝了肉的来源,也开始大规模地绝灭……

这种解释的要点是太阳有一颗伴星,可是

目前还无法推断这颗伴星在什么地方，天文学家们从大批恒星中找出了好几千个候选目标，然后逐步筛选、淘汰，希望最终能确认太阳的这颗伴星。人们甚至已经为这颗想象中的伴星起了名字："涅墨西斯"，这是古希腊神话中复仇女神的名字。从现在起，再过1300万～1500万年，这位"女神"将会再次接近太阳。那时，它或许又会酿成一场新的生物绝灭大悲剧。

今天，我们并不知道"复仇女神"星是不是肯定存在。如果最终查明它并不存在，那就表明造成大规模生物绝灭事件的，必定另有"罪魁祸首"。但是，倘若"复仇女神"星果真存在，那么找到这位"女神"之日，大概也就是生物大规模绝灭之谜彻底揭晓之时了。

振荡不停的太阳

太阳为我们提供了光和热,哺育着地球上的生命。日复一日,年复一年,世世代代的人们看到的太阳似乎总是一个样。

可是,在1960年,美国天文学家莱顿测量了太阳表面气体物质的运动情况,结果意外发现了一种前所未知的重要现象:太阳表面的气体物质正在持续不断地、有规律地上下振动着。也就是说,整个太阳就好像一个巨大的不停搏动着的心脏!

莱顿和我们每个人一样，生活在地球上，他怎么能知道太阳表面的气体物质是怎样运动的呢？原来，这和物理学家所说的"多普勒效应"密切相关。

我们知道，当火车疾驶着经过车站时，站台上的人会觉得火车的汽笛声发生了变化：当火车奔向我们而来时，汽笛的声调听起来就越来越尖锐；当火车离开我们远去时，汽笛的声调又逐渐降低。1842年，奥地利物理学家多普勒首先阐明了造成这种现象的原因。他指出：当火车向我们驶来时，每秒传到我们耳朵中的声波数目就比声源（汽笛）

静止时多，因为这时声波除了从静止声源（汽笛）出发时按正常速度传播外，还附加了火车行驶的速度；而当火车离去时，每秒传到我们耳朵中的声波数目要比声源（汽笛）静止时少，因为这时声波传来的速度变慢了，它等于声源（汽笛）静止时的声速减去列车的速度。总之，汽笛的声调变化，是由于声源运动使每秒到达我们耳中的声波数目有了变化。后来，人们就把这种现象称为"多普勒效应"。

多普勒效应不仅适用于声波，而且也适用于光波。一个快速运动的光源发出的光，到达我们的眼睛时，它的"光调"（即光的频率）也会发生变化，也就是说，光的颜色会有所改变。1848年，法国物理学家斐佐提议：要发现光的多普勒效应，最好的办法是观测光谱线位置的微小移动。例如，当一颗恒星向着我们运动时，就像火车朝着站台驰来，这时星光的"光调"也会升高，也就是光波的频率增高，于是光谱线往光谱中波长较短的一端（即紫端）移动，这叫作光谱线的"紫移"；相反，当恒星离我们远去时，"光调"降低，也就是光波的频率变低，光谱线便向红端移动，这叫作光谱线的"红移"。通过测定光谱线"紫移"或"红移"的程度，天文学家们就可以推算出天体趋近或离开我们的速度。

太阳是一个很大的球体，它的半径将近70万千米。太阳表面气体物质的振荡，总幅度是几十千米，这和太阳本身的体量相比是很小的。在任意一个时刻，太阳表面总有大约2/3的区域在蔚为壮观地振荡着。而且，太阳表面某一固定地点的气体急剧振荡几次以后，还会缓和一段时间，再开始下一次新的振荡。

平均说来，它们振荡的周期大约为5分钟。因此，太阳表面的这种振荡又称为"5分钟振荡"。

莱顿的发现引起了世界各国天文学家的浓厚兴趣。他们通过大量的观测，又进一步发现：太阳振荡的周期不仅仅是5分钟这一种，另外在7分钟到50分钟之间还有好几种周期。1976年，有关太阳振荡的观测工作又有了突破性的新进展：苏联天文学家发现太阳表面还有一种周期长达160分钟的振荡。后来，美国和法国天文学家也证实了这一点。

关于太阳表面的振荡现象，人们已经了解得不少了。那么，为什么太阳会振荡呢？太阳的振荡现象究竟是怎样产生的？这涉及许多很复杂的问题，目前科学家们的看法也不完全一致。不过，大家普遍认为，振荡虽然发生在太阳表面，它的根源却一定在太阳的内部。使太阳内部产生振荡的因素可能有三种，即气体压力、重力和磁力；由它们造成的波动分别称为"声波""重力波"和"磁流体波"。这三种波动可以互相结合："声波"和"重力波"结合，或"重力波"和"磁流体波"结合，或者"磁流体波"和"声波"结合，甚至还可以三种波全都合并在一起。就是这些错综复杂的波动，造成了太阳表面气势宏伟的振荡现象。不少科学家认为，5 分钟振荡可能是太阳对流层中产生的一种声波，而 160 分钟振荡则可能是由日心引力引起的重力波。但是，这些解释究竟正确与否，目前还不能完全肯定。

人们对太阳的内部结构还了解得不多。太阳表面振荡现象的发现，给人们带来了揭开太阳内部奥秘的希望。当地球上发生大地震时，人们可以测量地球的振荡,并且可以利用地震波来分析地球内部的结构。那么,人们是不是也可以利用太阳的振荡来分析太阳内部的结构呢?科学家们正是这样想的。所以,他们对太阳振荡现象做了大量的分析,这样就逐渐形成了太阳物理学中的一个新分支——日震学。看来,人类为了进一步了解哺育自己成长的太阳,还真得好好研究日震学这门新的学问呢。

"另一个地球"在哪里

茫茫宇宙中,除了我们所在的这个太阳系,还有没有别的行星系统?天文学家将太阳系外其他恒星周围的行星统称为"系外行星"。在遥远的系外行星上是否也存在着生命?它们会不会进化成具有高度智慧的生物,甚至出现比人类更先进的文明?

千百年来,人类始终在思考、在探索这些问题。其中首先要弄清楚的是:在浩瀚的宇宙中,究竟是否存在着和太阳系类似的行星系统？如果没有合适的行星，生命就失去了生存、繁衍与演化的摇篮和温床。

银河系中有2000多亿颗恒星，太阳只是其中的普通一员。但是，人们即使用最大的天文望远镜，还是看不到环绕其他恒星转动的行星。这是为什么呢？

一方面，这是因为行星自身不发光，它们被自己的母恒星照亮，才有可能为外界所见。系外行星的亮度同照亮它们的母恒星相比，简直微不足道。另一方面，从地球上看去，任何一颗系外行星必定都与其母恒星挨得很近。正如你注视一盏光芒炫目的探照灯时，不可能发现在它近旁还有一只可怜的萤火虫那样，天文学家也极难发现隐匿在母恒星光辉之中的暗弱行星。

但是，天文学家还有别的办法。系外行星

的引力作用会影响其母恒星的运动,从地球上看去,这颗恒星在天空上的位置将会出现某种周期性的晃动。

离太阳最近的恒星是半人马座比邻星,它与太阳相距约 4.3 光年。假如在这样的距离上,有一颗和太阳一样大小的恒星,它拥有一颗像木星那么大的行星,而且此行星与母恒星之间的距离正好等于木星到太阳的距离。那么,这颗行星的引力对其母恒星的影响会有多大呢?确实,它会使那颗恒星在天空中的位置发生晃动,但是从地球上看去,这种晃动实在微乎其微:大致相当于从 27 千米的远处观看一个直径 1 毫米的小圆圈!

不过,如果这颗行星环绕恒星公转的轨道平面与我们的视线方向近乎平行的话,那么恒星的晃动就会表现为沿我们的视线方向周而复始地前来又远去,再前来,再远去……天文学家依据"多普勒效应"(见《振荡不停的太阳》),通过测量恒星光谱线的紫移或红移,就可以知道它正在以多快的速度沿着视线方向朝我们而来或离我们而去,并由此进一步推算出其行星的大小以及这颗行星与母恒星的距离。探索系外行星的这种方法,称为"视向速度法"。

1995年10月,瑞士日内瓦天文台的天文学家米歇尔·马约尔和迪迪埃·奎洛兹宣布,距离太阳50光年的恒星飞马座51周围有一颗行星——后来被称为飞马座51b。这很快就引起了各国科学家和社会公众的高度关注。飞马座51b正是借助"视向速度法"发现的。

探索系外行星,还有一种更普遍采用的方法,称为"凌星法",其原理与日食相似。如果从地球上看去,一颗系外行星环绕其母恒星转动时恰好从恒星的前方经过——即行星凌母恒星,从而遮掩了部分星光,那么观测者就会发现这颗恒星变暗了。根据恒星的这种周期性明暗变化,也可以推断是否有行星环绕它转动。2009年3月,美国发射的开普勒空间望远镜,就专门用于探测恒星亮度的周期性变化,以寻找各种条件都尽可能与地球相近的系外行星——人们常直呼其为"另一个地球"。

开普勒空间望远镜的探测器非常灵敏。像地球一样大小的行星,从母恒星前方经过时造成的亮度变化极其微小,仅相当于汽车大灯前有一只小小的跳蚤经过造成的影响。然而,即使这么微小的亮度变化,开普勒空间望远镜也能检测出来。

21世纪系外行星的探测突飞猛进,新发现

的行星和行星系统层出不穷,其中颇有一些真正的"精品"。例如,开普勒空间望远镜发现的系外行星"开普勒22b"就很值得一提。其母恒星"开普勒22"仅比太阳稍暗也稍冷一些,距离我们600光年,位于天鹅座中。开普勒22b的直径是地球的2.4倍,公转周期约290天,同地球上的一年相差不远。开普勒22b的表面温度估计约为21℃,那里有可能存在液态水,也许有海洋和降雨过程。

天文学家经常谈论"宜居带",那是指太阳或其他恒星周围的一个球壳状的空间区域,它离母恒星既不太近又不太远,因而不至于太热或太冷,在此区域中的行星表面才有可能存在足够的液态水和大气层,才有可能孕育出生命。太阳系的宜居带离太阳约 $0.7 \sim 3.0$ 天文单位,大致位于金星轨道到小行星带之间。开普勒22b也位于其母恒星周围的宜居带中。

另一个例子是2015年发现的开普勒452b,其直径约为地球的1.6倍,公转周期是385天。开普勒452b位于其母恒星开普勒452的宜居带中,它们之间的距离与日地距离很接近。美国国家航天局曾将开普勒452b形容为地球的"孪生兄弟",认为它是到那时为止所发现的宜居条件与地球最为相似的系外行星。

随着科学技术的进步,搜寻系外行星又有了一些新方法,这里就不细说了。飞马座51b的发现,开创了天文学的一个新领域——系外行星天文学。2019年,马约尔和奎洛兹两位天文学家因在发现系外行星方面做出重大贡献(包括发现飞马座51b)而获得诺贝尔物理学奖。如今,人们已经发现4000多颗系外行星,它们在大小、运行轨道、物质组成等方面彼此差异巨大。这些系外行星究竟是在什么条件下、通过怎样的途径形成的?处于宜居带中的系外行星究竟占了多大的比例?在那些"另一个地球"上究竟有没有生命……科学家们正在满怀激情地为找到这些问题的答案而顽强奋战呢。

给银河系画像真不易

初秋的晴夜,很容易看见天穹上有一条淡淡的银白色光带,这就是"银河"。

1610年,意大利科学家伽利略第一次将天文望远镜指向银河,就发现它由不计其数的暗淡恒星密密麻麻地聚集在一起而组成。如果在任何方向上都有无穷无尽的恒星,那么无论把望远镜指向何方,都会看到大片大片的恒星,整个天空就都应该有像银河那样的淡弱光辉。但实际情况并不是这样。那么,会不会只是在银河方向上恒星才展布得很远呢？

　　首先对这个问题做出回答的是天王星的发现者、英国天文学家威廉·赫歇尔。他从1784年开始，对着天空的不同方向，在望远镜中一颗颗地计数恒星，并考察当计数越来越暗的恒星时，其数目增长的方式。计数的结果使他相信，群星构成了一个透镜状的庞大集团，其中大约拥有3亿颗恒星，约为肉眼可见星数的5万倍。后人将这个恒星集团称作"银河系"，因为是"银河"首先暗示了该"透镜"的存在。

　　如果太阳位于这个"透镜"的中心某处，那么我们沿着"透镜"的对称平面往边沿四周看，就会看到无数星星形成了环绕天空的银河光带；如果沿"透镜"的厚度方向往上下两侧看，那就只能看到较少、较近的恒星。整个银河的亮度相当均匀，容易使人想到：太阳也许正是在这个"透镜"的中央吧?

20世纪初,荷兰天文学家卡普坦用照相的方法再次计数恒星。结果也表明存在一个透镜状的恒星集团,太阳在其中心附近。他估计的银河系大小要比赫歇尔估计的大得多:跨度为55 000光年,厚度为11 000光年。

然而,赫歇尔和卡普坦为银河系画的像并不完全准确。人们根据"球状星团"在天空中的分布极不均衡发现了问题。

恒星往往集结成群或者成团。在武仙座中有一个天体,用小望远镜看像一颗毛茸茸的星;用大望远镜则可看出,它是很密集的一大群恒星构成的巨大"星团"。人们称它为"武仙座大星团",其中包含的恒星也许有上百万颗。由于这些恒星密集为球状,所以被称为"球状星团"。

银河系中球状星团的总数也许有好几百个。奇怪的是,已发现的球状星团几乎都挤在天空中的一小块地方,其中有1/3集中在人马座这一个星座中。倘若太阳位于银河系中心附近的话,那为什么在银河系的一边会有如此众多的球状星团,而在另一边却那么稀少呢?

1920年,美国天文学家沙普利确定了当时已知的那些球状星团的距离。结果发现,那些球状星团似乎分布在一个中心点位于人马座方向上的庞大球体中。但是,那个中心点又是什

么呢?它会不会就是银河系的真正中心?

后来证明,这个中心点正是银河系的中心。20世纪30年代,人们估计银河系由数以千亿计的恒星组成,太阳不是在银河系的中心,而是在它的外围。球状星团在天空中的分布之所以看起来偏在一边,乃是我们自身在银河系中偏于一边的缘故。但是,当真如此的话,银河系各处又为什么几乎都一样亮呢?

原来,在群星之间存在着许多气体和尘埃。它们像雾一样吸收着光线,使人们看不见它们背后的恒星。这种气体—尘埃云散布在整个银河系内，使我们无法看见银河系的中心，当然更无法看见银河系中心彼侧的那些部分。事实上，我们看见的仅仅是银河系中邻近我们的某个范围，而我们自己又正好位于这个范围的中央。这便是银河在各个方向上看起来几乎都一样亮的原因。多亏了球状星团，它使天文学家即使看不见也还能推知整个银河系的巨大范围。

知道了银河系的大小，就好像知道了一个人的身高、体重。天文学家对此当然还不满足，他们所希望的是描绘一幅银河系的肖像。然而，这却是相当麻烦的一件事。制造麻烦的，是银河系中的星际尘埃物质。

其实，你甚至可以亲眼看到银河系存在星际尘埃物质的线索。夏秋之交的夜晚，你仔细观察就会发现：从天鹅座到人马座、天蝎座一带，银河分成了大致平行的两支。两个分支之间是一个长条形的暗区，它正是因银河系内不发光的星际尘埃物质遮挡了远处的星光而造成的。

在银河系内，星际物质大多集中在银河系的对称平面——银道面附近，质量约占银河系总质量的10%，其主要成分是尘埃微粒和各种气体。尘埃微粒的直径只有0.01～0.1微米，弥漫于星际气体之间。它们虽然只约占星际物质总质量的10%，却会吸收和散射星光，从而使来自远方的星光减弱。这种现象在天文学上称为"星际消光"。

星际消光在银河系中心方向上特别严重。来自银河系中心区域的星光，穿过2万多光年的漫长距离到达我们这里。由于星际尘埃的吸收，强度只剩下原来的百亿分之一。即使用最大的光学天文望远镜，也难以探测如此暗弱的星光，所以也就无法看见那些星际物质背后的情形了。因此，在光学天文望远镜发明之后的300多年中，天文学家始终无法勾画出一幅准确的银河系肖像。

20世纪中叶，射电天文学蓬勃发展，使情况有了转机。我们知道，在大雾弥漫时，因为看不清远处的东西，汽车被迫行驶得很慢，船只被迫停航。可是，此时人们照样可以收到广播和电视节目。这是因为，大气中的各种尘埃粒子虽然强烈地吸收和散射可见光，却对无线电波没有多大影响，无线电波依然畅通无阻。与此相似，天体发出的射电波也能穿透银河系中的星际物质而到达我们的地球。

1944年，荷兰天文学家范·德·胡斯特预言，银河系中应该存在一种波长为21厘米的射电辐射，它是中性氢原子发出的。使用合适的射电望远镜，应该能在主要由氢组成的星际气体云中探测到这种辐射。果然，到1951年，美国、荷兰和澳大利亚的科学家几乎同时用射电望远镜发现了它。从此，探测中性氢原子发出的波长为21厘米的射电辐射，就成了天文学家们为银河系画像的有力手段。20世纪50年代，人们利用这种方法发现，银河系中的物质分布呈旋涡状结构，这些"旋臂"位于银河系的主体部分——"银盘"中。

为了更准确地认清银河系的全貌，科学家们又在红外线、紫外线、X射线、γ射线等更广阔的波段上，协力探测来自银河系各个部分的辐射。今天，天文学家描绘的银河系画像大致是这样的：银河系由2000多亿颗恒星组成，外形宛如乐队中用的大钹，中央鼓起的部分叫核球，外围扁薄的部分叫银盘。整个银河系的直径约为 100 000 光年，太阳差不多正好位于银河系的对称平面上，离开银河系中心大约 27 000 光年。核球的直径大于 10 000 光年，在它的中央有一个能量密集的区域，称为银核，直径约 30 光年。银河系的中心——银心就位于核球和银核的正中央。银河系的旋臂从核球出发往外伸展，太阳就位于其中的一条旋臂上。我们自己身处银河系内观看银河系中的星

星，宛如一个躲在巨钹中的人环视这个巨钹的四周边沿一般，这个人只能看见有一个环带围绕着自己，而无法直接看清它的全貌。这正是："不识庐山真面目，只缘身在此山中。"

在了解银河系整体面貌的同时，天文学家们对于银河系的中心尤为关注。1990年以来，射电天文学家和红外天文学家已经绘出银心区的详细图像。在银心周围1光年的区域内，有一个特别引人注目的射电源，名叫人马座A*（读成"人马座A星号"）。它是银河系的真正中心，那里可能有一个大质量的黑洞。关于黑洞的详情，请看《神奇的黑洞现原形》一文。

银心有一个黑洞这种见解，最初是英国天文学家林登贝尔和里斯提出的。大概在很久以前，银心区中的某一颗恒星坍缩时形成了一个黑洞，当时它只包含几个太阳质量的物质；后来，它不断吞噬邻近恒星和远方恒星抛出的物质碎块，质量越来越大。如今，人马座 A* 包含的物质可能有 400 万个太阳那么多。起初，天文学家并不能完全肯定人马座 A* 有个黑洞。但是，经过将近 30 年的悉心探究，如今已经基本上排除了它是其他任何种类天体的可能性：它是一个巨型黑洞，质量约为太阳的 400 万倍，视界半径（见《神奇的黑洞现原形》）约为日地距离的 8%。

现在，让我们再放眼银河系的外围。现代天文观测发现，在核球和银盘外面，还围绕着一个范围非常广大、大致呈球形的区域。它称为"银晕"，直径达 30 万光年以上，球状星团大多处于银晕中。银晕中的恒星都是年龄超过 100 亿岁的老年恒星，那里几乎没有气体和尘埃。

在《星系是怎样演化的》一文中,介绍了"棒旋星系"的中央部分好像贯穿着一根粗壮的"棒",旋臂就从"棒"的两端向外伸展。现在,不少天文学家认为,已经有证据表明:我们的银河系也是一个棒旋星系,而且可能是SBb型的。

随着对银河系的勘察越来越详细,天文学家为银河系描绘的肖像也一定会越来越逼真,越来越精致。

星系是怎样演化的

人们早就注意到,天空中存在着一些似云如雾模模糊糊的小亮斑,它们被称为"星云"。在南半球,用肉眼就可以清晰地看到天空中有一大一小两块云雾似的弥漫状天体。公元10世纪的阿拉伯人已经发现它们,麦哲伦环球航行的海员们第一次准确地描绘了它们的形象。

1519年,麦哲伦的船队进行了人类历史上的首次环球航行。当船队驶入美洲最南端的一个海峡时,他们发现有两块云一般的东西高悬在头顶之上。回到欧洲后，水手们公布了这项发现。后来，人们就把这两个星云分别称为"大麦哲伦星云"和"小麦哲伦星云"，简称"大麦云"和"小麦云"。他们当初经过的那个海峡，现在就称为"麦哲伦海峡"。

1609年，意大利科学家伽利略发明了天文望远镜。仅仅三年以后，德国天文学家西蒙·马里乌斯于1612年12月15日从自己的望远镜中看到，仙女座中有一颗"恒星"有点儿异样：它不像别的恒星那样呈现为一个明锐的光点，而是一小块雾状的亮斑。他觉得它活像"透过一个灯笼的角质小窗看到的烛焰"。后来人们将它称为"仙女座大星云"。

1755年，德国著名哲学家康德提出，星云可能由大量恒星聚集而成。它们非常庞大，但是十分遥远，所以看起来就变成了一个个暗弱

的小光斑，仙女座大星云就是很好的实例。

随着大型天文望远镜的问世，人们发现有些"星云"呈现出某种旋涡状结构。有些科学家赞同康德的观点，认为旋涡星云是极其遥远的巨大的恒星系统，它们与银河系非常相似。另一些天文学家则认为，旋涡星云就位于银河系内，体积也比银河系小得多。

争论持续了很久。1924年,美国天文学家哈勃终于用当时世界上最大的天文望远镜,分解出仙女座大星云中的大量恒星。接着,他又设法测定了这个大星云的距离。它果然远远越出了银河系的范围。后来,天文学家把这种远在银河系之外的庞大恒星系统全都称为"河外星系",通常简称为"星系"。如今人类所知的星系已有上千亿个。

星系大致可以分为"旋涡星系""椭圆星系"和"不规则星系"三大类。旋涡星系约占全部星系总数的30%。它们通常有一个比较明亮的椭圆状核心区,从核心区向外伸出两条或更多条像蚊香那样盘旋着的"旋臂"。有的星系旋臂卷得松,有的却卷得很紧;卷得最紧的叫作Sa型星系,卷得最松的叫Sc型,不紧也不松的叫Sb型,这里的S,是英语中"旋涡"(spiral)

这个词的第一个字母。旋涡星系都是扁盘状的,只有当它们正对着我们时,才能很清楚地观测到其中的旋涡结构。有些旋涡星系的中央好像贯穿着一根粗壮的"棒",旋臂就从"棒"的两端往外伸展。它们被称为"棒旋星系",按旋臂缠卷从紧到松,可再分为SBa、SBb和SBc这三个次型,我们的银河系就是一个SBb型的棒旋星系。这里的B是英语词"棒"(bar)的第一个字母。此外还有一种"透镜状星系",用SO表示。它们扁扁的外形和旋涡星系很相似,但是没有旋臂。SO星系的形态,可以说正好介于旋涡星系和椭圆星系之间。

椭圆星系约占星系总数的60%。有些椭圆星系的外貌呈正圆形,但大多数都呈椭圆形。根据它们外形圆扁程度的差异,人们又将椭圆星系细分为E0,E1……E7共8个次型。其中

E0 是正圆形的，E7 则最扁。E 是英语中"椭圆"（ellipse）这个词的第一个字母。椭圆星系的外形存在差异有两个原因。一是星系本身的真实形状本来就不一样，它们的样子看起来当然也就不同。二是扁球状的椭圆星系如果以不同的方向朝着我们，样子看起来也会有很大的差异：如果它以正面对着地球，看上去就是圆的；若以侧边对着地球，看上去就是扁的。不规则星系的数目较少，外形又没有什么规律，我们就不详谈了。

这些形态各异的星系，相互之间究竟有没有什么联系呢？

在历史上，曾经有两种针锋相对的观点。一种观点认为，旋涡星系是从椭圆星系演变而来的：椭圆星系在不停地自转着，它们的赤道部分就逐渐往外鼓起，星系就变得越来越扁。

后来在扁平部分中又逐渐形成旋臂,这样就变成了旋涡星系。旋臂起初缠卷得比较紧,后来逐渐松开,直到完全消失,最终演化为不规则星系。

另一种观点认为,星系起初是形状不规则的气体云,后来在缓慢的自转中逐渐形成了旋涡结构,出现了松散的旋臂;后来旋臂越缠越紧,最后整个星系变成了椭球状。也就是说,星系的演化过程是从不规则星系变成旋涡星系,再变成椭圆星系。

上面的两种观点究竟孰是孰非?还是另有第三种可能性?

其实，旋涡星系和椭圆星系中都有很年老的恒星，因而它们的年龄彼此相仿，谁都难以充当对方的"祖先"。今天，多数天文学家认为，星系并不是彼此孤立地演化的，它们必然会受到周围环境的影响。例如，两个星系发生猛烈的碰撞，结果会形成一个外貌很古怪的星系；而两个质量大致相等的旋涡星系在太空中相遇时互相合并，则会形成一个椭圆星系。

要弄清星系究竟是怎样演化的，确实非常困难。这是因为直到今天，和星系演化有关的许多问题对天文学家来说都还是一个谜。例如，人们并不完全清楚，星系形成之前宇宙究竟是什么模样；人们也不能确定，旋臂究竟是怎样产生的……也许，正因为天文学家对于星系怎样诞生和成长还是那样无知，所以这道"难题"才格外有魅力吧。

神奇的黑洞现原形

"黑洞"这个名称,人们已经不陌生了。有人甚至还给它起了个不光彩的外号:"太空中最自私的怪物"。这究竟是什么意思呢?

"黑洞"这个名字的第一个字"黑",表明它绝不向外界发射或反射任何光线或其他形式的电磁波——无论是波长最长的无线电波,还是波长最短的 γ 射线。因此,人们绝对无法看见它。"黑洞"的第二个字是"洞",意思是说:任何东西只要一进入它的边界,就别想再溜出来了,因此它活像一个真正的"无底洞"。

那么,要是用一盏威力极大的探照灯去照亮黑洞,它不就会原形毕露了吗?

这也不行。射向黑洞的光无论有多强,都会被黑洞全部"吃掉",不会有一点儿反射,这个"洞"还是"黑"的。问题是,黑洞为什么会有这样奇怪的特性呢?

我们还是先从宇宙飞船说起吧。宇宙飞船要飞出地球,进入行星际空间,至少要达到每

秒11.2千米的速度，否则就摆脱不了地球引力的束缚。这个速度，是一个物体从地球引力场中"逃"出去所需要的最低速度，所以称为地球的"逃逸速度"。太阳的引力比地球大得多，因此太阳的逃逸速度也快得多：618千米/秒。假如一个天体的逃逸速度达到或超过了光的速度，那么就连光线也不可能逃出去了。这样的天体正是我们所说的黑洞。在宇宙中，没有任何东西的运动速度比光更快了。既然连光都逃不出黑洞，那么其他任何东西当然就更不可能跑出去了。

今天，关于黑洞的更确切的说法是这样的："黑洞是根据爱因斯坦在20世纪初期创立的广义相对论所预言的一种特殊天体。它的基本特征是有一个封闭的边界，称为黑洞的视界；外界的物质和辐射可以进入视界，视界内的东西却不能跑到外面去。"正因为黑洞像是一个"只进不出"的无底洞,所以才有人说它是"太空中最自私的怪物"。

那么,黑洞究竟是怎样形成的呢?说起来有好几种可能性。

例如,如果越来越多的物质往一块儿聚集,而它们的密度始终保持不变。那么这一堆物质的引力就会随着质量的累积而越来越大,到头来,它的引力总会大到连光都逃不出去的。例如,倘若把质量像1.4亿个太阳那么多的水集中起来做成一个"大水滴",那么它就会成为一个黑洞。这个水滴黑洞的直径大约有8亿千米呢!

再如,假若一颗恒星的质量固定不变,但是让它不断地收缩下去,那么它的密度就会随着体积的缩小而变得越来越大,它的引力场也变得越来越强,直到变成一个连光线也逃不出去的黑洞。要是太阳收缩到半径只有3千米那么大,它就会成为一个黑洞。这时它的密度简直大得令人难以想象:每立方厘米的体积中竟包含了200亿吨的物质!

黑洞虽然无法直接观测到,但是它强大的引力场却会影响附近天体的运动。于是人们就可以根据那些天体的运动情况,反过来推断黑洞的存在。再说,当物质落向黑洞,即将掉进它的"视界"之前,还会释放出强烈的高能X射线或γ射线,这种高能辐射也是搜寻黑洞的重要线索。

非常有意思的是,2019年4月10日,多国科学家联合向全世界发布了一张黑洞照片:一幅位于星系M87中心的巨型黑洞的真实照片!

应该强调指出,这并不是单独一架望远

镜在可见光波段一次拍摄的真彩色照片，而是利用分布在全球6个地点、8个天文台的80台射电望远镜——它们联合起来组成了著名的"事件视界望远镜"（简称EHT），在波长为1.3毫米的微波波段同时进行观测，利用电磁波干涉技术从海量的数字信息中提取出来的"代表色"照片。

什么是"代表色"呢？"代表色"又称"伪彩色"。凡是在可见光波段以外拍摄的天体彩色照片，实际上都是代表色照片。代表色的技术要点是，选取3个观测波段，让它们分别对应于可见光的红、绿、蓝三原色，用计算机进行滤色处理后，可以得到它们的强度分布，再经过红、绿、蓝三原色的加色处理而显示出来。其结果不仅保存了原本的科学含义，而且具有很高的审美价值，这与画家的纯主观创作是大不一样的。

这里所说的黑洞照片,其实是被黑洞引力场撕碎并环绕黑洞高速旋转的物质,它们正在被黑洞吞噬,发出主要在毫米波段的电磁波。经过代表色处理,就显示出照片中的橙色亮环。星系 M87 非常遥远,与地球相距约 5500 万光年。M87 中心黑洞的质量是太阳质量的约 65 亿倍,但是从地球上看去,这个黑洞阴影的角直径仅为 38.1 微角秒,相当于从地球上看月球表面一颗直径 2 毫米的小小珍珠!

EHT 完成这项艰巨的任务,是国际大协作的结晶。EHT 共有十多个合作机构,中国科学院天文大科学研究中心(由国家天文台、紫金山天文台和上海天文台共建)也是其中之一。EHT 国际合作项目的 200 多名科学家中,我国的科技人员就有十多位,为获得人类第一张黑洞照片做出了贡献。

2022年5月12日，EHT又公布了人类的第二张黑洞照片。它就是位于银河系中心的人马座A*（见《给银河系画像真不易》），质量约为太阳的400万倍。人马座A*和M87的角直径，在所有已知的巨型黑洞中位列第一和第二。人马座A*黑洞在银河系内，比M87中心黑洞近得多，角直径也稍大一些，但是因为其质量还不足M87中心黑洞的1/1000，微波辐射的强度较低，所以拍照的难度反而更大。

黑洞依然很神奇。有关黑洞形成和演化的许多问题，短时间内恐怕未必能解决，但将来它们迟早会真相大白的。

宇宙的年龄有多大

每个人都有年龄，每样东西也有年龄。当然，每颗星球也是有年龄的。例如，我们地球的年龄是46亿岁，那么，宇宙的年龄有多大呢？

这事儿说来话长。现在请你先回顾一下，《振荡不停的太阳》一文中谈到的"多普勒效应"。那里介绍了天文学家如何测量天体光谱线的紫移或红移，来推算这个天体正以多快的速度奔我们而来或离我们而去。

宇宙的年龄有多大

20世纪初叶,美国天文学家斯莱弗首先发现,他观测的大多数星系的光谱线都发生了红移,并据此推算出这些星系正以每秒好几百千米的速度远离我们而去。后来,天文学家们又发现许多红移更大的星系,正在以每秒几千千米甚至更快的速度远离我们而去!但是,为什么这么多星系都在离我们而去?为什么它们不是奔我们而来呢?

通常,天文学家

把世界上最大的望远镜所能观测到的整个范围叫作"可观测宇宙",或称为"我们的宇宙";在不会发生误解的情况下,也可以就用"宇宙"两个字来称呼它。随着天文望远镜的威力越来越强大,可观测宇宙的范围也在不断地扩展。

今天我们知道,可观测宇宙的结构大致是这样的:人类生活在一颗小小的行星——地球上,它环绕着一颗普通的恒星——太阳运转。太阳和另外2000多亿颗恒星一起构成一个庞大的恒星系统——银河系。目前,人类观测到的类似于银河系这样的"星系"已有上千亿个。星系光谱线的红移,向我们透露了整个可观测宇宙正在膨胀着的信息。

1929年,美国天文学家哈勃发现,离我们越远的星系远去的速度就越快。后来人们探测的空间范围越来越大,探测到的星系也越来越多、越来越远了。事实始终证明，星系远去的速度总是正比于它们和我们的距离。为什么无数的星系都会如此"疯狂地"四散离去呢？

这是因为我们的宇宙正处在一种宏伟的整体膨胀之中。这很像一个镶嵌了许多葡萄干的巨大的面包，当这个面包膨胀时，其中的葡萄干就会互相远离；而且每一颗葡萄干都会看见：其他所有的葡萄干都在离开自己。相距越远的葡萄干，彼此分离的相对速度也越快。如果把宇宙想象成面包，把宇宙中的星系想象成面包中的葡萄干，那么就比较容易理解它们随着宇宙的膨胀而彼此远离的情形了。应该注意的是：所有的星系并不只是"远离我们"而去，而是互相之间都在彼此分离。你到任何一个星系上去，都会看到相同的景象。

可观测宇宙为什么会如此迅速地膨胀？这

种膨胀又是从什么时候开始的呢？

我们可以这样分析：今天星系都在彼此四散分离，那么回顾以往，它们彼此必然就比较靠近。往过去回溯得越久远，所有的星系就互相靠得越近。如果回溯得非常非常久远，那么可以想象：所有的星系应该都集中在一起，彼此非常靠近。那时宇宙中所有的物质必定统统都挤在极小的范围内。我们的宇宙会不会就是从那时开始膨胀的呢？那是不是我们这个宇宙的开端？

1927年，比利时天文学家勒梅特首先提出这种猜想。他把包含了我们的宇宙中全部物质的那个原始天体称为"原始原子"。原始原子是不稳定的，它在一场无与伦比的爆发中爆炸了，爆炸形成的无数碎片后来成了千千万万个星系。这些星系至今还在继续向四面八方飞散开去。因此，宇宙的膨胀，星系彼此匆匆分离，都是原始原子爆发的直接结果。

1948年，美国物理学家伽莫夫等人发展了这种想法。他们计算了爆炸之初的温度；计算了随着宇宙的膨胀，温度下降得有多快；计算出有多少能量转化成了各种基本粒子，以后又怎样变成了各种原子，如此等等。后来人们把最初那次难以想象的爆发称为"大爆炸"，这种宇宙起源学说则被称为"大爆炸宇宙论"。

从宇宙膨胀的情况推算，大爆炸发生在约140亿年前。如果把大爆炸的那一刹那当作宇宙诞生的时刻，那么我们就可以说：今天宇宙的年龄大约是140亿岁。但是，这里仍有许多问题。天文学家总是根据现在观测到的宇宙膨胀来推算它究竟已经膨胀了多久。但是，有没有足够的证据表明，宇宙膨胀的速度始终保持

不变呢?这就好像有一位长跑运动员正以每秒5米的速度向你跑来。有人告诉你,这位运动员已经跑了5000米,要你猜猜他已经跑了多久。你也许会觉得这很容易:每秒钟跑5米,跑5000米当然是用了1000秒。但是,你很可能错了!因为,这位运动员也许一开始跑得非常快,只是快到你那里时速度才慢了下来。那样的话,他跑完这5000米也许只需要900秒。

宇宙的膨胀也是这样。今天它的膨胀速度如果比很久以前慢了许多,那么宇宙的年龄就会比140亿年小好多。另一方面,我们知道有些老年恒星已经有100多亿岁了,宇宙的年龄肯定比它们更大。也许，宇宙的膨胀并没有放慢速度？从"大爆炸"那一瞬间算起，宇宙的年龄真的就是 140 亿岁吗？

非常令人吃惊的是，天文学家在即将告别 20 世纪之际，竟然发现目前宇宙的膨胀速度不但没有减慢，反而有正在加快的迹象。这究竟又是为什么呢？

所有这些有趣的难题，都同《宇宙的未来会怎样》一文有着密切的联系，我们在后文中还会更详细地介绍。

宇宙中的海市蜃楼

1987年年初,天文学家又有了一项令人激动不已的新发现。当时,他们用大型天文望远镜观测到,有一些半圆形的明亮光弧环绕着遥远的星系。这种光弧极长,人们从来没有见过这么长的天体。巨大的光弧看起来仿佛是一种光学上的幻觉,就像海市蜃楼那样。它们引起了天文学家的种种猜测。"破案"的线索最后集中到了"引力"身上。

引力是大家熟悉的东西:地球的引力将我

们留在地面上，太阳的引力使地球和其他行星都绕着它转……但是，引力还有一些奇妙的特性，一直到20世纪初才逐渐为人们所知晓。

那是在1916年，德国物理学家爱因斯坦发表了他的最新研究成果——广义相对论。这种理论告诉我们，强大的引力可以使光线前进的方向稍稍偏转，或者说，当光线从一个大质量天体附近经过时就会稍稍弯曲——因为一个天体的质量越大，它的引力就越强，而光线仿佛或多或少地被这引力"拉了一把"。

我们知道，光线通过一块凸透镜后，会发生偏折，聚焦成像。一个遥远天体向我们发来的光线，如果在途中遇到一个大质量天体，也会出现类似的情形。那些光线从大质量天体的四周经过时，受到大质量天体引力的拉曳，就从四面八方往里弯曲，并有可能聚焦到我们这里。正因为如此，引力的这种作用就被称为"引力透镜"。爱因斯坦本人就曾经指出，宇宙中应该存在这样的引力透镜。

不过，引力透镜和玻璃透镜有一个重要的差别，那就是玻璃透镜能使光线发生很明显的折射，引力却只能使光线产生极轻微的弯曲。所以，即使由质量非常大的天体造成的光线弯曲，其偏转的角度也是很小很小的。这些光线必须经过极长的距离，才能聚集到焦点。这就

意味着，起"引力透镜"作用的那个天体必定非常遥远，而发出光线的那个天体则还要远得多。

从爱因斯坦预言存在引力透镜开始，有将近半个世纪光景，天文学家并不知道有什么天体远到能够造成引力透镜现象。所以，大家都认为，虽然从理论上说引力透镜也许是存在的，但切实遇见这种现象的可能性却几乎等于零。

可是，宇宙中的奥秘真是无穷无尽，出乎意料的事情随时都有可能发生。在20世纪60年代初，天文学家发现了一种离我们极其遥远的天体，它们比先前人们所知的任何天体都要远得多。它们貌似恒星，却又不是普通的恒星，所以，天文学家称它们为"类星体"，意思是"类似恒星的天体"。现在，让我们设想，在某个类星体和我们之间正好有一个星系，这个星系也很遥远，以至于只能勉强被我们看见，或者甚至完全看不见。但是，它仍比那个类星体近得多。类星体的光在射向我们的途中，从那个星系四周经过，由于引力透镜的作用，这些光线在我们这里聚焦。于是，我们看到这个类星体不再像通常那样呈现为一个小光点，而是变成以那个引起光线聚焦的天体为中心的小圆环。人们常把这种环称为"爱因斯坦环"。

当然，大质量天体很可能并不恰好就在我们和类星体的连线上，而是稍微有些偏离。这时，来自类星体的光线大部分从该大质量天体的一边掠过，从另一边掠过的光线则较少。于是，我们见到的就不是一个圆环，而可能是一个畸变了的类星体像，或者也可能是同一个类星体的两个像：一边的一个较亮，另一边的一个较暗。

1979年3月,英美两国的天文学家观测到,有一对名叫0957+561A和0957+561B的类星体彼此靠得很近,光谱也非常相似,红移又完全相同。这些天文学家对它们进行了很仔细的研究,最后得出结论:这对"双类星体"其实是离我们大约50亿光年远的某个类星体的两个像。

这些天文学家的想法究竟对不对?如果对的话,那么在我们与该类星体之间就应该存在一个起着引力透镜作用的星系——它们被称为"透镜星系"。果然,天文学家经过周密的搜索,终于找到一个非常暗的星系,它恰好具备造成同一个类星体的两个像所需的条件。

第一例引力透镜就这样被发现了。天文学家当然不会就此止步,他们继续搜索,不仅又发现了一批看来是由引力透镜造成的"双类星体"，而且还发现了"三重类星体"现象——引力透镜确实也会造成这样的效果。

1987年年初，法国和美国的两组天文学家分别发现了本文一开始就提到的巨大亮弧，而且它们的数量还不算少。起初，人们认为它们是比银河系大好几倍的以前未知的某种神秘天体。但是，进一步的分析似乎表明，这很可能又是引力透镜玩儿的花招。当然，想要证明这一看法是正确的，最好是能找到起引力透镜作用的那个星系。结果，上述天文学家真的在两起事件中找到了相应的透镜星系。于是，他们在1987年11月宣称，这些弧必然是引力透镜所致。

第一例爱因斯坦环也是1987年被发现的，后来又陆续有新的发现。令天文学家们困惑的是，在理应存在透镜星系的地方，人们有时却找不到任何东西。更经常的情形是，如果我们把透镜星系中所有恒星的质量统统加起来，却发现这个质量并不足以造成引力透镜现象。这究竟是什么原因呢？这些星系中是不是存在着某种用通常的方法探测不到的物质？如果是的话，那些物质又是什么？

人们将这类用通常的方法无法探测到的物质称为"暗物质"。有许多迹象表明，暗物质虽然看不见，但它们在宇宙中确实普遍存在。暗物质究竟是一些什么样的东西？科学家们曾提出过许多设想，但它们都没能获得可靠的证实。总而言之，暗物质是天文学中至今悬而未决的一团谜。为了解开这个大谜团，天文学家还真得好好下一番功夫呢。

宇宙的未来会怎样

《宇宙的年龄有多大》一文中谈到,从大爆炸的一瞬间算起,我们的宇宙差不多已经140亿岁了。140亿年来,宇宙一直在膨胀,因此我们观测到的成百上千亿个星系都在以巨大的速度互相远离。

那么,宇宙会不会永无止境地膨胀下去呢?或者,宇宙的膨胀会不会渐渐地变得越来越慢,直到有朝一日终于完全停顿下来?我们能不能知道宇宙未来的命运呢?

为了思考这些有趣的问题，我们不妨先来看看，一个人在地球上使劲地往上扔一块小石子，结果会发生什么情况。无论小石子开始时上升得多快，它的速度总是在不断地减慢，直至到达某个最高点；接着，它开始往下落，而且速度变得越来越快，直到最后落回地面。造成这种结局的原因，是地球对小石子的强大引力战胜了小石子往远处跑的趋势。

同样，宇宙中所有星系彼此之间的引力，也会使星系互相远离的速度逐渐减慢。问题是：这种引力究竟有多大？它最终能不能迫使整个宇宙的膨胀完全停下来，并迫使所有的星系重新聚拢到一起？

我们知道，一个物体的质量越大，它的引力就越强。宇宙间物质的总引力有多大，取决于宇宙中的物质究竟有多少；也就是说，取决于宇宙物质的平均密度。如果宇宙物质的平均密度非常小，那么它们的引力就很弱，因而不可能制止宇宙的膨胀；如果宇宙物质的平均密度非常大，那么它们的引力就非常强——强得足以迫使宇宙停止膨胀，并进而转变为收缩。

当然，在"平均密度非常小"和"平均密度非常大"之间，总会有一条分界线，它被称为宇宙物质的"临界密度"。宇宙未来的命运，就取决于宇宙物质的平均密度实际上是大于临界密度，还是小于临界密度。如果宇宙物质的平均密度低于临界密度，那么宇宙将永远膨胀下去；平均密度超过临界密度，宇宙最终将会停止膨胀，并随即转变为收缩。那么，宇宙物质的临界密度究竟是多大呢？天文学家做了估算，大约为每立方厘米 5×10^{-30} 克，这实在是一个非常小的数字。

另一方面，天文学家根据对星系的观测，推算出宇宙物质的实际平均密度仅约为每立方厘米 3×10^{-31} 克，这比临界密度小得多。于是有人猜想，宇宙一定会永远膨胀下去。

但是，且慢。有许许多多迹象表明，在星系的最外围部分——星系晕，以及星系和星系之间的辽阔空间——星系际空间，很可能充满着实际上不发光的物质。它们或许是已经死亡熄灭的恒星，或许是各种大小的黑洞，或许是完全电离的气体，或许是中微子，或许是物理学家们预言应该存在但至今尚未观测到的光微子、引力微子等性质奇特的基本粒子……如果加上这些物质，那么宇宙物质的平均密度就大大增加了。通常，天文学家把这些虽然看不见但似乎应该存在的物质统称为"暗物质"。

天文学家估计，宇宙间的暗物质要比人们

原先知道的普通物质多得多。目前，科学家们还没有弄清暗物质究竟是什么东西。但是，有许多理由使他们认为，中微子是暗物质的重要"候选者"之一。起初，科学家们认为中微子和光子一样，静止质量等于零。但是，从20世纪70年代以来，不少国家的科学家先后通过实验发现，中微子可能还是有质量的。尽管每个中微子的质量远比电子的质量小得多，但它们对宇宙未来命运的影响却很大。这是因为宇宙间的中微子实在多得不得了，尽管每一个中微子的质量都小得微不足道，但它们加在一起，对宇宙总质量的贡献就会超过所有其他物质。这时，包括中微子在内的宇宙物质的平均密度就会超过临界密度，所以宇宙将在遥远的未来由膨胀转变为收缩。显然,这里的关键是中微子的质量究竟有多大。如今,科学家们仍在不辞辛劳地进行各种实验,希望能早日得到明确的结果。

假如宇宙将来真的从膨胀变为收缩,那么所有的星系就会互相靠拢。这样的宇宙称为一个"收缩宇宙"。也许,很久很久以后,收缩宇宙中的一切物体都将无比猛烈地撞到一起,天文学家们把这样的情景称为"大坍聚"。宇宙从开始收缩到大坍聚,有点儿像把大爆炸和宇宙膨胀这部"电影"倒过来再放一遍。

也许,我们的宇宙原先就是体积极大、极端稀薄的气体,它们在自身的万有引力作用下慢慢地收缩、聚集起来,直到所有的物质统统撞到一起。然后,它猝然爆炸了,爆炸的碎块猛抛出来,四散分离,最后形成了我们今天所见到的"膨胀宇宙"。

也许,宇宙从来就没有什么开端,它的物质一直就在不断地聚拢又分开,聚拢分开永不停止。这样的宇宙称为"振荡宇宙"。

正当天文学家在为这些事情大伤脑筋的时候,非常出人意料的新的麻烦又来了。在20世纪90年代,天文学家利用一些非常巧妙的方法,获悉目前宇宙的膨胀速度不但没有减慢,反而有正在加快的迹象。加速需要能量,究竟是什么力量在推动宇宙加速膨胀呢?

现在,摆在科学家面前的有两大矛盾:一是宇宙中的可见物质密度太低,有大量的物质不知到哪里去了;二是宇宙在加速膨胀,表明宇宙中有一种未知的神秘能量。要同时解决这两大矛盾,只有一种可能,那就是宇宙中存在某种类似于"斥力"的物质,它既填补了物质密度的缺口,又与引力"对着干",驱使宇宙加速膨胀。科学家们虽然不知道这种物质究竟是什么东西,但还是给它起了一个新鲜的名字:暗能量。

暗能量的发现,被美国著名的《科学》杂志评选为1998年的头条科学新闻。后来,在2002年,科学家们又进一步得出结论:宇宙物质各种成分的比例是,普通物质仅约占4%,暗物质约占23%,剩下的73%则是暗能量。

那么,暗能量的本质究竟是什么?它会不会发生什么变化?这直接关系到我们的宇宙究竟会不会永远膨胀下去,它未来的命运究竟如何。这些问题现在都没有找到确切的答案。确实,像"宇宙的命运"这样深奥的问题,可不是那么容易回答的啊!

UFO 究竟是什么

1947年6月24日,一位名叫阿诺德的美国人在飞机上突然发现前方天空中有9个碟子似的飞行物。它们一边自转一边前进,正在飞越华盛顿州的雷尼尔峰。阿诺德估计这些碟形物体的直径超过30米,飞行速度超过每小时2000千米。他说,它们"飞起来像是抛出的碟子在水面上轻盈地快速前进"。后来,"飞碟"这个名字就这样传开了。

阿诺德首次看见飞碟之后,在半个世纪

中,又出现了成千上万次的报告谈论这类东西。飞碟究竟是什么?人们做了种种猜测,有人相信它们是敌人的飞机或其他新式武器,也有人相信它们是外星人的宇宙飞船。美国政府专门组织了好几次调查,结果发现这类事件绝大多数其实都很平常,并不值得大惊小怪。参加调查的专家还认为,飞碟这个名称很容易引起人们不恰当的联想,所以就使用了一个新名字,unidentified flying object,意思是"未能识别的飞行物"。它的英文名称中每个单词的第一个大写字母写在一起,就成了人们常说的

"UFO",即"不明飞行物"。那么,UFO究竟是不是外星人的宇宙飞船呢?

这种想法虽然迷人,实际上却极不可能。我们已经肯定地知道,太阳系中除地球外,其他天体上都没有文明种族。也就是说,根本不存在"月球人""火星人""金星人""彗星人"等。假如UFO是外星人的宇宙飞船,那么它们的故乡必定是远在太阳系以外的其他星球。可是,不同恒星彼此之间的距离是极其遥远的。例如,在银河系中,最邻近太阳的恒星是半人马座比邻星,它与我们相距约4.3光年,天狼星距离我们8.7光年,织女星距离我们26.3光年,猎户座中的参宿七与我们相距850光年,它们都还是我们的近邻。

在宇宙间,跑得最快的是光,它的速度是每秒30万千米。假如宇宙飞船的速度快得几乎和光一样,那么从天狼星飞到地球大约就要8.7年。再说,飞船要达到那么快的速度,就得消耗极多的能量。例如,使1吨重的宇宙飞船加速到光速的98%,即每秒294 000千米,到它飞临目的地时又逐渐减速,这样做所需要的能量将为目前全世界一年消耗总能量的上百倍。而且,飞船从静止开始出发,逐渐加快到接近光速,也需要有一个过程。这种加速和减速过程不能太猛烈,否则宇航员就会丧失性命。于是,星际航行实际上花费的时间就会长得多。

接近光速飞行的另一个问题是,宇航员将会发现,飞船前方的一切东西都在用接近于光的速度迎面撞来。这时,太空中的尘埃和砾石都可以把飞船撞得粉碎,或者把飞船和它里面的宇航员、仪器设备都撞得千疮百孔。在这里，预警设备完全无济于事，因为警报的传递速度最多等于光速，宇航员刚收到警报，根本来不及采取任何措施，就会被那些太空中的"炮弹"击毙。要免遭这类轰击，就只好降低飞船的速度，于是途中花费的时间又会变得很长很长。例如，如果飞船的速度降低为光速的1%，即每秒3000千米——这其实已经快得吓人了，那么从天狼星飞到地球就不是花上8.7年，而是要花费870年了。即使外星人宇航员非常长寿，飞船中也必须装备一套用来维持生命的设施，它必须连续使用上千年而不会报废。

说UFO是"外星人"的宇宙飞船，直到今天也找不到一丝一毫可靠的证据。美国空军研究不明飞行物的"蓝皮书计划"，一共研究了从1948年到1968年12月的12 618起报告，至少对其中的11 917起报告做出了令人满意的解释。总的说来，它们几乎都可以用自然现象、幻觉或骗局来说明，而绝不是来源于"外星人"。更具体地说，其中有明亮的行星（如金星），明亮的恒星（如天狼星），彗星，流星和火流星，特殊形状的云块，海市蜃楼，球状闪电，气球，降落伞，飞机和它的影子，人造卫星或运载火箭的碎片，鸟群，昆虫群，等等。

很可笑的是，美国政府一方面对UFO做了大量的调查研究，另一方面又造成了不小的混乱，所谓的"罗斯韦尔事件"就是最著名的例子。

那是1947年7月初的一天，美国新墨西哥州的一位牧场看管人偶然发现，在罗斯韦尔镇附近散落着一些奇异的、闪光的物体。他把捡到的东西交给了美国军方。一个月后，美国军方散发了一份"飞碟着陆"的新闻稿。可是第二天军方又发表了一项声明，说所谓的"飞碟"实际上是气象气球。这件事后来引起了人们的怀疑和不满。

为了澄清对"罗斯韦尔事件"的种种误传，1994年，美国军方公布了一份长达1000页的报告。报告透露，军方最初说的气象气球实际上是用来探测苏联核实验的秘密仪器。1997年6月，美国政府又向全世界公开了一份调查报告，揭开了这个困惑人们已久的疑团。原来，当初被许多人当作"飞碟"的飞行物，实际上是美国执行绝密任务的一些间谍侦察机。报告还说，20世纪50年代和

60年代出现许多有关UFO的传说，大多数是由于人们无意中看到正在执行绝密任务的U-2高空侦察机和"黑鸟"间谍飞机。

任何UFO，一旦查明了真相，就不该再叫它"不明飞行物"了。然而，也有少数UFO，就连专家们至今也不知道它们究竟是什么。它们依然是"不明飞行物"。而且，由于最初的报道不够准确、不够详细等原因，它们也许还会长久地"不明"下去。

您好,"外星人"朋友

茫茫宇宙中,哪里还有像人类这样的智慧生物?尽管它们并不是"人",但大家都喜欢叫它们"外星人"。那么,科学家是怎样寻找"外星人"的呢?

人类已经登上了月球,那里肯定不存在生命。在太阳系的行星中,火星与地球最相似。但是,人类再三派探测器到火星上侦察,却未发现任何生命的迹象——连细菌和微生物都没有。水星白昼太热夜间太冷,金星太热,都不适宜生命存在。木星、土星、天王星、海王星的大气太冷，那儿也不会有生命。不过，我们还不能排除这几颗行星上由液态氢、氨和甲烷构成的"海洋"中，或许会存在某种低等生命——虽说可能性并不大。太阳系内的200来颗卫星中，只有土卫六、木卫二等少数大卫星有可能栖息着某种低等生命，但希望也很渺茫。矮行星和小行星的质量太小，不能保持大气，更不能维持生命。这样看来，在太阳系中，地球很可能是唯一的生命之家。

那么，太阳系以外有没有"外星人"呢？

科学家们经过详细的分析，得出结论：在银河系成千亿颗恒星周围的行星上，有可能存在着上百万个文明世界。其中既可能有比人类落后的，也可能有比人类先进的。它们也会思索："茫茫太空中，除了我们自己，还有没有其他智慧生物和文明世界?"

那么,人类能不能和远方的"外星人"交个朋友?能不能同它们互相学习,互相帮助,共同创造更美好的未来呢?

银河系中可能栖居着文明种族的那些行星,彼此相距非常遥远,难以乘坐宇宙飞船互相拜访(参见《UFO究竟是什么》)。不过,它们或许可以利用某种信号来传递消息,就像舰船在大海中利用灯光发送信号、联络对话一般。

"外星人"能明白我们的信号是什么意思吗？它们能"听懂"我们的话吗？银河系中众多的文明种族究竟用什么"语言"进行联系，才能达到互相了解的目的？有一种"语言"是任何文明种族都应该掌握的，那就是数学。不懂数学的种族绝不可能发展起高度文明。因此，早在100多年前，著名德国数学家高斯就曾建议：在中亚辽阔的原野上植树造林，使它们构成一个巨大的直角三角形。然后在这个直角三角形的每一条边上各往外做一个正方形，并在三角形和正方形的内部种上谷物，以便使它们带上均匀的色彩。如果"火星人"发现这种有规律的图案，它们就会明白：地球上一定有懂得勾股定理的智慧生物。

那么，人类又怎样向"外星人"发送信号呢？有两种办法：一种是将实物抛入太空，另一种是利用无线电波通信联络。事实上，人类已经发出4个这样的实物信号。"先驱者10号"和"先驱者11号"两艘宇宙飞船各携带一块宽15厘米、长22.5厘米的铝质镀金标志板。板上画了一幅小型的太阳系示意图，画了"先驱者号"宇宙飞船本身的象征性图案，以及它飞出太阳系的路径；还画了一个男人和一个女人，那个男人举着右手，人们希望接收到这块信息板的"外星人"能够懂得这种姿势是表示和平与友谊。"旅行者1号"和"旅行者2号"两艘宇宙飞船则各携带一套镀金铜质声像片和一枚金刚石唱针。声像片共包含115幅画面，其中有中国人午餐的场面和长城的雄姿。声像片中还有55种不同语言的问候语和地球上各种类型的声响，以及27首世界名曲，其中包括中国的古典乐曲《流水》。如果外星人截获了这些信息，那就会对人类文明有所了解。但是，人们并不知道这些信息板究竟什么时候才会遇上"知音"。也许，它们会在太空中漂泊几十万年、几百万年、几千万年……

利用无线电波进行通信比前一种方法更有效。但接收却是个大问题，因为你并不知道这些太空"电台"究竟在什么地方，不知道它们用什么频率发送信号，不知道它们发送信号的时间，也不知道它们用的是什么"密码"。假如我们漫无目的地接收，结果将会一无所获。科学家们做了深入的分析，认识到"外星人"向其他星球发送信号，多半会利用 1420 兆赫（波长 21 厘米）、1667 兆赫（波长 17 厘米）、22 000 兆赫（波长 1.4 厘米）附近的频率。这是因为：

第一，宇宙中最丰富的元素是氢，1420 兆赫则是氢原子发出的很重要的辐射频率,任何文明都会对它格外地感兴趣;第二,由一个氢原子(H)和一个氧原子(O)组成的羟基(OH),是宇宙间很有特色、数量也相当丰富的一种原子团,1667兆赫则是羟基发出的辐射频率;第三,22 000兆赫是水分子发出的辐射频率,水正好就由氢和羟基结合而成,而且对于生命来说,水又是至关重要的物质。

来自遥远星球的无线电信号,抵达地球后将变得十分微弱。不过,天文学家拥有巨大的射电望远镜,可以用来探测这些信号。1960年,美国天文学家首先尝试搜索这类信号。他们的这项工作称为"奥兹玛计划"。奥兹原是一部著名儿童系列冒险故事中的地名，它在遥远的天上，奥兹玛则是那里的一位公主。天文学家使用这个名称，是想表明宇宙间有些文明种族栖息的地方甚至比奥兹更加遥远。他们开动巨大的射电望远镜，在3个月内断断续续地"监听"了150小时，但是一无所获。后来，又有一些国家的天文学家进行类似的搜索，也都没有获得肯定的结论。

问题出在哪儿呢？归根到底，恐怕还是因为人类不知道"外星人"向太空中发送无线电信号的时间、地点和方式。为了弥补这些不足，必须建造更高级的仪器，制订更巧妙的"监听"计划。例如，一些美国科学家曾经提议：建造一个庞大的射电望远镜阵列，它由1026架口径100米的射电望远镜组成，它们由电子计算机控制，可以步调完全一致地调节到所需要的频率。它至少可以探测到远达 1000 光年的其他文明种族发来的无线电信号。

如果有朝一日,这样的仪器当真造出来了,是不是一定就能找到"外星人"呢?当然,今天谁也没法对此做出保证,我们暂时只能等着瞧。但是,未来的科学家将会给出更加令人满意的回答。